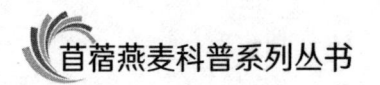
苜蓿燕麦科普系列丛书

燕麦加工篇

MUXU YANMAI KEPU XILIE CONGSHU
YANMAI JIAGONG PIAN

全国畜牧总站 编

中国农业出版社
北京

图书在版编目（CIP）数据

苜蓿燕麦科普系列丛书．燕麦加工篇／贠旭江总主编；全国畜牧总站编 ．—北京：中国农业出版社，2020.12（2023.11 重印）
ISBN 978-7-109-27465-5

Ⅰ.①苜… Ⅱ.①贠… ②全… Ⅲ.①燕麦－食品加工 Ⅳ.①S541②S512.6

中国版本图书馆 CIP 数据核字（2020）第 197211 号

中国农业出版社出版

地址：北京市朝阳区麦子店街 18 号楼
邮编：100125
责任编辑：赵　刚
版式设计：王　晨　责任校对：赵　硕
印刷：中农印务有限公司
版次：2020 年 12 月第 1 版
印次：2023 年 11 月北京第 2 次印刷
发行：新华书店北京发行所
开本：880mm×1230mm　1/32
印张：2
字数：40 千字
定价：20.00 元

MUXU YANMAI KEPU XILIE CONGSHU

苜蓿燕麦科普系列丛书

总 主 编：负旭江
副总主编：李新一　陈志宏　孙洪仁　王加亭

YANMAI JIAGONG PIAN

燕麦加工篇

主　　编　赵桂琴　柴继宽

副 主 编　琚泽亮　刘　欢

编写人员（按姓氏笔画排序）

王建丽　尹国丽　刘　杰　闫　敏　严　林

苏晓朔　罗　峻　周向睿　赵之阳　赵恩泽

柳珍英　郭　杰　梅　雨　程　晨　焦　婷

美　　编　申忠宝　王建丽　梅　雨

前　言

　　20 世纪 80 年代初，我国就提出"立草为业"和"发展草业"，但受"以粮为纲"思想影响和资源技术等方面的制约，饲草产业长期处于缓慢发展阶段。21 世纪初，我国实施西部大开发战略，推动了饲草产业发展。特别是 2008 年"三鹿奶粉"事件后，人们对饲草产业在奶业发展中的重要性有了更加深刻的认识。2015 年中央 1 号文件明确要求大力发展草牧业，农业部出台了《全国种植业结构调整规划（2016—2020 年）》《关于促进草牧业发展的指导意见》《关于北方农牧交错带农业结构调整的指导意见》等文件，实施了粮改饲试点、振兴奶业苜蓿发展行动、南方现代草地畜牧业推进行动等项目，饲草产业和草牧融合加快发展，集约化和规模化水平显著提高，产业链条逐步延伸完善，科技支撑能力持续增强，草食畜产品供给能力不断提升，各类生产经营主体不断涌现，既有从事较大规模饲草生产加工的企业和合作社，也有饲草种植大户和一家一户种养结合的生产者，饲草产业迎来了重要的发展机遇期。

　　苜蓿作为"牧草之王"，既是全球发展饲草产业的重要豆科牧草，也是我国进口量最大的饲草产品；燕麦适应性强、适口性好，已成为我国北方和西部地区草食家畜饲喂的主要禾本科饲草。随着人们对饲草产业重要性认识的不断加深和牛羊等草食畜禽生产的加快发展，我国对饲草的需求量持续增长，草产品的进口量也逐年增加，苜蓿和燕麦在饲草产业中的地位日

益凸显。

发展苜蓿和燕麦产业是一个系统工程，既包括苜蓿和燕麦种质资源保护利用、新品种培育、种植管理、收获加工、科学饲喂等环节；也包括企业、合作社、种植大户、家庭农牧场等新型生产经营主体的培育壮大。根据不同生产经营主体的需求，开展先进适用科学技术的创新集成和普及应用，对于促进苜蓿和燕麦产业持续较快健康发展具有重要作用。

全国畜牧总站组织有关专家学者和生产一线人员编写了《苜蓿燕麦科普系列丛书》，分别包括种质篇、育种篇、种植篇、植保篇、加工篇、利用篇等，全部采用宣传画辅助文字说明的方式，面向科技推广工作者和产业生产经营者，用系统、生动、形象的方式推广普及苜蓿和燕麦的科学知识及实用技术。

本系列丛书的撰写工作得到了中国农业大学、甘肃农业大学、中国农业科学院草原研究所、北京畜牧兽医研究所、植物保护研究所、黑龙江省农业科学院草业研究所等单位的大力支持。参加编写的同志克服了工作繁忙、经验不足等困难，加班加点查阅和研究文献资料，多次修改完善文稿，付出了大量心血和汗水。在成书之际，谨对各位专家学者、编写人员的辛勤付出及相关单位的大力支持表示诚挚的谢意！

书中疏漏之处，敬请读者批评指正。

前言

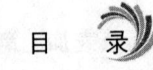

一、燕麦收获技术

（一）燕麦的收获时期

1. 燕麦在什么时期收获好?

燕麦作为饲草利用，具有草产量高、营养价值高和适口性好等特点。青刈燕麦茎秆柔软、叶量丰富、适口性很好，干物质消化率可达 75％ 以上。燕麦的收获时间及方式取决于后期的加工利用方式。燕麦可收获种子，也可收获饲草制作青干草或青贮等。目前生产中使用的燕麦草产品主要是青干草和青贮。青干草是将燕麦在量质兼优时期刈割，经自然或人工干燥调制而成的能够长期贮存的颜色青绿的干草。青贮是将燕麦草在适宜时期刈割，切碎后装填在青贮窖或袋内，压实密封后经乳酸菌发酵而成的饲料。

燕麦的利用方式不同，收获时间也不同。燕麦可在开花期刈割作青饲料或晒制干草。灌浆至乳熟期是燕麦青贮的最佳刈割期，这时收获不仅可以获得较高的干物质产量，而且品质也较高。燕麦单播及与箭筈豌豆等豆科牧草混播的最佳刈割期为燕麦乳熟期和箭筈豌豆结荚期，这时粗蛋白含量最高，而中性和酸性洗涤纤维含量较低。

2. 如何确定刈割时期?

燕麦如果刈割过早，草产量低，但营养价值较高。比如

美国在燕麦孕穗期刈割，生产高品质干草饲喂高产奶牛。收获时间过晚，干草产量显著增加，但营养成分含量会降低。如果要制作燕麦青贮，抽穗期刈割干物质含量较低、含水量高，刈割后还需要晾晒，不仅产量低，而且增加了工序和成本。在灌浆至乳熟期刈割，就可一次性制作青贮不需要晾晒，不仅产量高而且减少了工序、降低了成本（图1-1，图1-2，图1-3）。

图1-1　如何确定适宜的刈割时期

　　不同的种植环境对燕麦草产量和品质影响较大。气候冷凉地区燕麦草产量和粗蛋白产量最高，适宜进行燕麦饲草生产。干旱半干旱地区，即使有灌溉条件，青干草产量也显著低于冷凉地区（田长叶等，2016；马春晖等，2000）。外界环境可直接影响刈割时间、后期调制和安全贮藏。如在收割后或打捆前遇到降雨，燕麦草很快就会变质，因此收获季节应及时关注当地的天气预报。

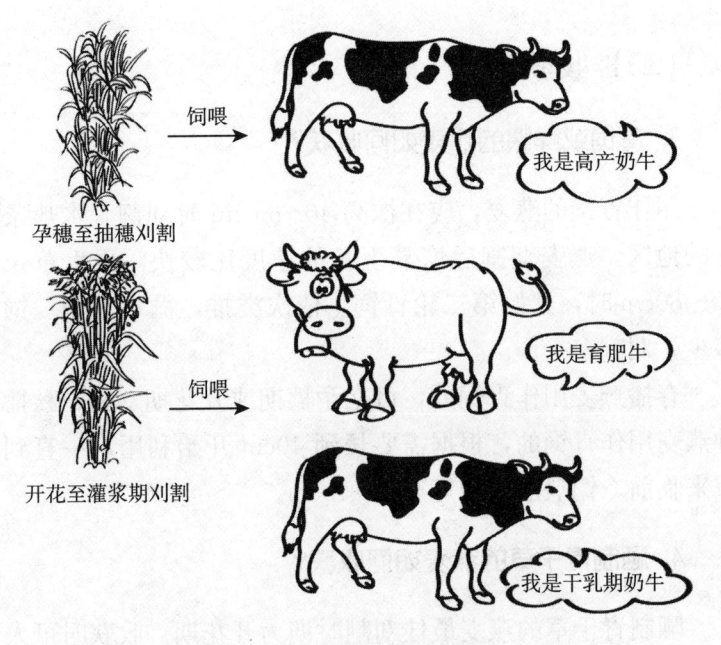

图 1-2　饲喂对象不同，刈割期也不同

图 1-3　影响燕麦刈割时期的因素

（二）收获方法

3. 青饲或鲜喂的燕麦如何收获？

用作青饲的燕麦，应在株高 40～80cm 时刈割。水热条件好的地区，燕麦刈割后恢复生长的速度比较快，再生草长到 40～80cm 时，开始第二轮青饲。依次类推，循环利用。饲喂多少，刈割多少。

春播燕麦用作青饲的，可在孕穗期或开花期刈割；秋播复种燕麦用作青饲的，根据需要长到 40cm 开始利用，一直到霜冻来临前。饲喂前应切短至 7～10cm。

4. 晒制青干草的燕麦如何收获？

晒制青干草的燕麦最佳刈割时期为开花期。收获时可人工收获，也可用机械收获。燕麦的收获方法因用途、收割期的不同而有差异，可以说"怎么用就怎么收"。收获方法要同种植管理和调制加工技术相结合，因地制宜地选择收获方式。小面积、地势不平坦的田块可以人工收获（图 1-4），大面积、地势平缓的燕麦田可以采用联合收割机收获（图 1-5）。

图 1-4　人工收获燕麦草　　　图 1-5　联合收割机收获

5. 制作冻干草的燕麦如何收获

在高寒地区燕麦还可用作冻干草。霜冻来临前，对已达到开花期或乳熟期的燕麦暂不收割。待霜冻 1～2 周之后，含水量下降到 40％～45％时再刈割，直接在地面上冻晒干燥（图 1-6）。脱水、冻干 1～2 周，当含水量下降到 25％左右时，收集拉运堆垛贮藏。

待霜冻1~2周之后，含水量下降到40%~45%时再刈割，直接在地面上冻晒干燥

图 1-6　冻干草的收获

6. 制作青贮的燕麦如何收获？

制作青贮的燕麦可在灌浆至乳熟期刈割收获，用割草机将燕麦收割，并经过揉搓切碎后直接进行青贮加工（图 1-7）。大规模生产或有条件的地区，也可用自走式青饲料收获机一次性完成收获和切碎，运回加工点，然后用圆捆包膜一体机进行打捆裹包或直接倒入青贮窖或青贮壕压实密封青贮。也可用圆捆包膜一体机在地里直接完成鲜草捡拾切碎、打捆、裹包等作

业，或者用收割打捆一体机一次性完成收割、切碎、打捆和裹包作业。

图1-7 青贮燕麦的收获时期

7. 燕麦一年中可以刈割几次?

北方地区大多数春种秋收一年一茬，刈割一次；部分地区也可春种夏收、夏种秋收，一年两茬，每茬刈割一次。在水热条件较好的地区再生性好，如四川、贵州等地，一茬可刈割2次以上。

8. 燕麦刈割时需要注意什么?

一是要注意留茬高度，刈割一次的地区留茬5~8cm。这些地区多位于西北和北方，秋冬多大风天气，留茬有利于支撑割倒的草，加快干燥速度，还可以减少大风带来的扬尘。刈割多次的地区，前几次刈割留茬5cm左右，最后一次齐地刈割。二是播种时就要考虑刈割方向。三是使用压扁设备，调节压扁

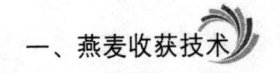

辊的孔隙度和压力，建议选用锤片式割草机。四是注意减少丢失损失率和玷污程度，在燕麦收获的各环节中，尽量避免机器对牧草的打击与揉搓，减少泥土和脏物混入。

（三）收获机械

9. 燕麦收获机械有哪些?

燕麦饲草收获机械种类较多，必须充分了解各种机械的主要特点，并结合当地实际情况做好选型配套工作。收获机械包括割草机、搂草机、打捆机、裹包机、压块机等，可根据不同生产规模和需求进行选择。一般中低密度的大小圆捆或青贮包适合近距离运输，中密度的小方草捆适合中短距离运输，高密度大方捆适合远距离运输（图1-8）。选择收获机具时，一般选用与地块大小相匹配的割草机（图1-9）。青饲料收获选用自走式或牵引式的抛送式机型或自带集草箱机型，配套高货厢运输设备装载运送。

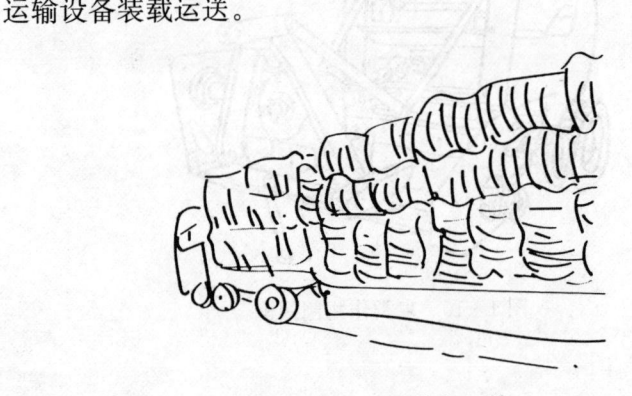

图1-8　燕麦草捆运输

燕麦饲草生产在全国很多地方已实现全程机械化。大型收获机如自走式青贮收获机，可一次完成收获、切割、揉搓、装

图 1-9　广平往复式割草机

车等作业（图 1-10）。机械收获作业要求做到：留茬、茎秆
铺放整齐，作业过程中减少燕麦叶片的损失，碎草率不超
过 3%。

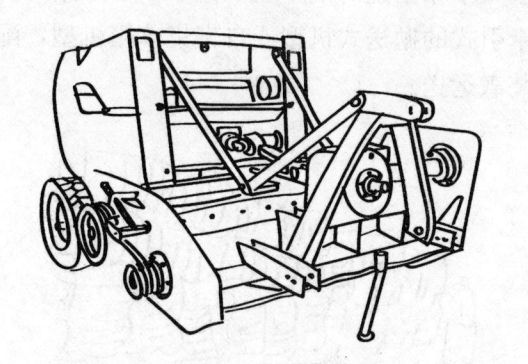

图 1-10　麦类作物割捆机

二、燕麦青干草调制技术

（一）燕麦青干草的干燥过程及影响因素

10. 燕麦草干燥过程是怎样的？

燕麦刈割后，在晒制过程中伴随着体内水分的散失，要经历两个复杂的生理生化变化阶段。第一阶段主要特点是水分散失速度很快。水分降低的过程呈现先快后慢的规律，如图2-1所示。这一阶段植物体内是以氧化作用为主导的代谢阶段，又称饥饿代谢。这一阶段养分的损失量一般在5%～10%。因此，为减少这一阶段营养物质的损失，必须尽快使含水量下降，促使植物细胞及早死亡，以降低营养物质的分解。第二阶段的特点是水分散失速度减缓，酶促反应加强。当含水量降到40%以下时，细胞随之死亡。植物体内的生理过程逐渐被有酶参与的生化过程所取代，维生素及可溶性营养物质损

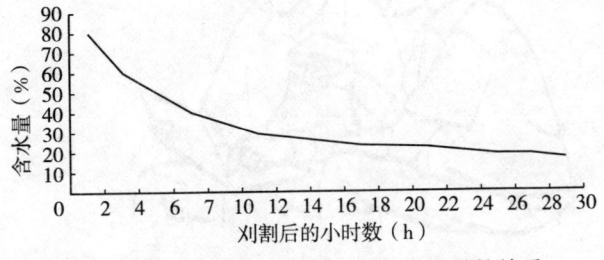

图2-1　燕麦刈割后晾晒时间与含水量的关系

失较多。另外，这一阶段可产生芳香物质，这些物质可增进适口性，也是评定青干草质量的指标之一。

11. 哪些因素会影响干燥速度?

影响燕麦干燥速度的因素有很多。首先是环境因素。太阳辐射、气温、空气湿度和风速等均会影响饲草的干燥速度。因此刈割燕麦时应选择好天气，或采取勤翻晒等办法，以加快干燥速度。其次是植物本身的情况（图2-2）。干燥速度取决于植物体表面水分散发的速度和水分从细胞内部向体表移动的速度。在生产上，可用压扁机压扁茎秆，加速水分散失。在外界气候条件相同的情况下，植物保蓄水分的能力越小、水分移动的阻力越小，干燥速度就越快。饲草中水分移动的阻力常随饲草的干燥而增大。燕麦等禾本科饲草比豆科饲草水分移动的阻力小，干燥速度快。不同植物含水量不同，散水强度不同。同一植物的不同器官散水强度也不同，因此各部位的干燥速度不一致。叶片干燥速度比茎秆快得多，一般叶片的干燥速度比茎

图2-2　影响燕麦干燥速度的因素

秆（包括叶鞘）快 5～10 倍以上。因此在干燥过程中要采取合理的干燥方法，尽量使植物各个部位均匀干燥。

（二）燕麦青干草的营养价值

12. 燕麦青干草的营养价值如何？

优质的燕麦青干草颜色青绿、叶量丰富、质地柔软、气味芳香、适口性好，并含有较多的蛋白质和矿物质。同一燕麦品种在不同的利用方式下其营养价值变化很大。例如，甘肃的燕麦品种陇燕 3 号在青刈、青干草和青贮 3 种利用方式下，粗蛋白含量分别为 11.75％、9.40％和 9.27％，粗纤维含量分别为 27.28％、31.33％和 32.20％。

优质青干草营养价值接近小麦麸。劣质青干草，如在晒制过程中频繁遇雨、反复晾晒而成的青干草，则营养物质损失较高，特别是胡萝卜素，几乎损失殆尽（图 2-3）。因此要获得优质青干草，就要特别重视影响青干草品质的各种因素，尽量设法减少营养物质的损失。

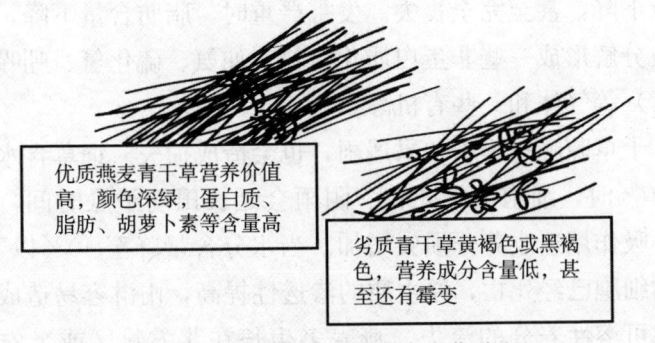

优质燕麦青干草营养价值高，颜色深绿，蛋白质、脂肪、胡萝卜素等含量高

劣质青干草黄褐色或黑褐色，营养成分含量低，甚至还有霉变

图 2-3　优质和劣质燕麦青干草对比

甘肃农业大学张毕阳研究表明，饲粮中添加燕麦干草可提

高绵羊的饲料转化率和营养物质表观消化率，提升了瘤胃 NH_3 的利用率和瘤胃蛋白氮浓度，增加了瘤胃产气量、挥发性脂肪酸浓度和 3 种纤维分解菌的相对含量，降低瘤胃原虫相对含量。在精料水平相同的条件下，用 50% 全株玉米青贮和 50% 燕麦干草混合作为粗饲料饲喂绵羊，比单用全株玉米青贮的效果好。

13. 青干草调制过程中养分是如何损失的?

青干草调制过程中养分可通过各种途径损失掉（图 2-4）。燕麦收获后，植物细胞仍然在继续进行呼吸作用，造成使体内营养物质的损失。这一损失一般为 2%～6%。当含水量降到 40% 以下时，呼吸作用中止。机械操作过程中，燕麦的叶片或幼嫩部分脱落也会造成损失。为减少机械损失，应适时刈割，并在细嫩部分尚未脱落时及时干燥。已经干燥的饲草打捆时，可在早晨或傍晚湿度较大时进行。微生物活动也可造成青干草损失。微生物在青干草上繁殖与青干草的含水量、气温与大气湿度有关。青干草含水量高、气温适宜、空气相对湿度在 85% 以上时，细菌繁殖更加活跃，可造成干草发霉变质，营养成分下降，甚至完全丧失。发霉严重时，脂肪含量下降，蛋白质被分解形成一些非蛋白质化合物，如氨、硫化氢、吲哚（有剧毒）等气体和一些有机酸。

干草晾晒过程中如果遇雨，也会造成损失。饲草含水量高于 40% 时，细胞尚未死亡。阴雨会延长田间干燥时间，植物因呼吸作用造成养分损失增加。当水分含量降至 40% 以下时，植物细胞已经死亡，原生质的渗透性提高，雨淋容易造成植物体内可溶性养分的流失。燕麦多生长在北方牧区或半农半牧区，秋季收获和干燥时经常下雨，雨淋造成的损失非常大。晒制干草过程中，当细胞死亡后，在强烈的阳光直射和体内氧化酶的作用下，植物所含的胡萝卜素、叶绿素、维生素C等大部分被分解破坏。不同干燥条件下胡萝卜素含量的差异较大，人工干燥时其损失量较小，在15%左右；自然干燥时损失较多，在60%以上，尤其是平摊干燥，损失可达86.3%。

综上所述，在正常干燥过程中，总营养物质损失20%～30%，可消化蛋白质损失30%左右，维生素损失50%以上。其中以机械作用造成的损失最大，其次是呼吸消耗、酶的分解作用以及阳光的漂白作用等。若在干燥过程中遭遇雨淋等因素影响，会造成更大的损失。

图2-4 青干草调制过程中的养分损失

（三）影响燕麦青干草品质的因素

14. 品种对燕麦青干草品质有什么影响？

品种对燕麦青干草的品质有显著影响（图2-5）。不同品种在同一地区蛋白质和酸性洗涤纤维含量差异很大。例如在甘肃通渭县，白燕2号和陇燕2号在灌浆期的粗蛋白含量分别为12.69%和10.39%，酸性洗涤纤维含量分别为30.08%和

27.85％。完熟期二者粗蛋白含量分别为 5.91％和 4.77％，酸洗纤维含量分别为 35.35％和 40.86％。

品种对燕麦青干草的品质有显著影响

图 2 - 5　品种影响燕麦干草的品质

15. 刈割时期对青干草品质有什么影响?

刈割时期对青干草品质的影响很大，也最容易被忽视。随着生育时期的推移，尽管干物质产量继续增长，但粗蛋白含量却大大减少。因此，必须根据不同品种的产量及营养物质含量综合确定适宜的刈割时期。

确定最适刈割期必须考虑两项指标：一是产草量，二是可消化营养物质含量。燕麦在整个生育期中的产量和可消化营养物质含量的变化，是两个发展方向相反的过程，粗蛋白、粗脂肪含量随着燕麦成熟含量逐渐降低，而酸洗纤维含量则逐渐上升。确定适宜刈割期的一般原则是以单位面积可消化营养物质产量最高时期为标准。一年能刈割 2 茬以上的地区可在燕麦孕穗至抽穗期刈割，这时燕麦叶多茎少，粗纤维含量较低，质地柔软，粗蛋白质、胡萝卜素含量高。一年只能收获一茬的地区，燕麦在开花至灌浆期刈割能达到产量和品质的最佳结合点。

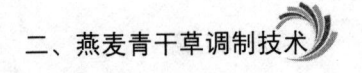

16. 干燥技术对青干草品质有什么影响?

干燥技术对青干草的品质影响也非常大。干燥技术主要有两大类:一类是自然干燥,一类是人工干燥。人工干燥生产的青干草一般优于自然干燥的,但会增加成本(图2-6)。自然干燥时,采用的具体方法不同,所需的时间和程序不同,生产的草产品品质也不尽相同。

人工干燥生产的青干草一般优于自然干燥的,但会增加成本

图2-6 人工干燥的利弊

(四)燕麦青干草调制技术

17. 燕麦青干草的干燥方法有哪些?

燕麦草的干燥方法一般分为自然干燥法和人工干燥法两大类(图2-7)。不同的干燥方法对青干草品质的影响很大。采用地面晒制法,可消化蛋白质的损失达20%~25%,胡萝卜素含量仅为15mg/kg。采用草架晒制时,可消化蛋白质的损失为15%~20%,胡萝卜素含量为40mg/kg。机械烘干法可获得品质较优的青干草,可消化蛋白质的损失仅为5%,胡萝

卜素含量高达 120mg/kg。

图 2-7　燕麦的干燥方法

18. 自然干燥法有哪些?

　　自然干燥法是目前世界通用的主要方法,简便易行,成本低廉。在天气状况良好的条件下,选择最佳刈割时期割草,然后调制晾晒成青干草。自然干燥时,要采取各种措施加快干燥速度。如果不能及时晾晒、捆垛及合理贮藏,饲草营养损失还会进一步增加。人工收获时可堆垛晾晒,也可就地打捆晾晒(图 2-8,图 2-9)。

图 2-8　堆垛晾晒

自然干燥方法较多，如田间干燥法、草架干燥法、阴干法、发酵干燥法等。生产中可根据具体情况以及要求来决定具体采用何种干燥方式。

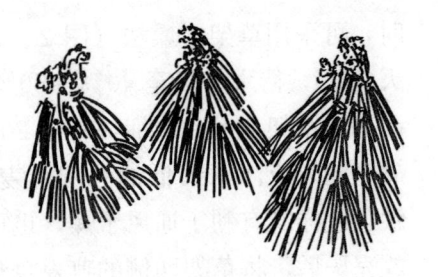

图 2 - 9　就地堆垛

19. 什么是田间干燥法?

燕麦刈割后在田间直接晾晒，尽量创造良好的通风条件来缩短干燥时间，如平铺晒草法、小堆晒草法等（图 2 - 10）。摊晒应尽量均匀，每隔一段时间进行翻晒通风一次，使之充分暴露在干燥的空气中，从而加快干燥速度。可采用双草垄干燥法，将刈割的燕麦晾晒 6～7h，在含水量降至 40%～50%时，用侧向搂草机的一组搂耙，或用两个左右侧搂耙联挂，搂成双行草垄。继续日晒 4～5h，含水量下降至 35%左右，用集草器集成小草堆。再干燥 1.5～2d，就可制成含水量为 15%～18%的青干草。此干燥方法的优点是成本较低，故在干旱少雨地区普遍采用。

图 2 - 10　田间干燥

20. 什么是草架干燥法?

在经常下雨的地区，采用田间干燥法调制燕麦干草较困难

时，可采用草架干燥法（图 2-11）。燕麦刈割后自然晾晒半天到 1d，待水分降至 40%～50% 时，自下而上均匀堆放在搭制好的草架上面，或捆成直径 20cm 左右的小捆，顶端朝里码放。同时应注意最低的一层燕麦草应高出地面，不与地面接触。这样既有利于通风干燥，也可避免因接触地面而吸潮。堆放完毕后，将草架两侧的燕麦草整理平顺，雨水可沿其侧面流至地表，减少雨水浸入草内。与田间干燥相比，草架干燥可加快干燥速度，获得优质燕麦青干草，但需要设备和较多劳动力，成本偏高。

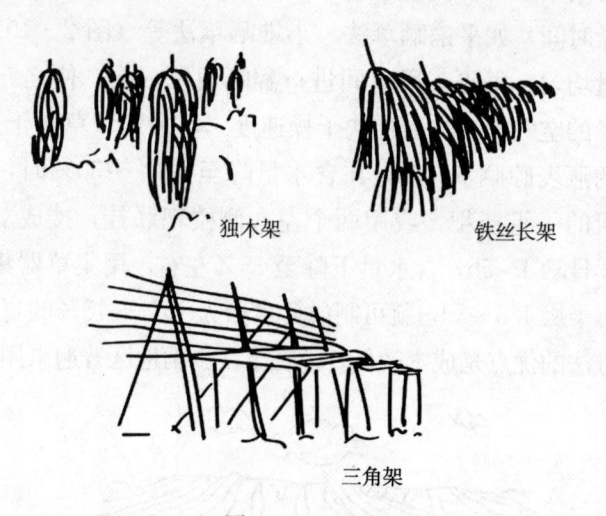

独木架　　　　　　　铁丝长架

三角架

图 2-11　干草架

21. 什么是阴干法？

为了保存燕麦的幼嫩部分并减少干燥后期阳光曝晒对胡萝卜素的破坏，可在燕麦草含水量降至 35% 左右时，进行搂草、集草和打小捆等作业，然后将草捆放在草棚内阴干（图 2-12）。打捆干草堆垛时，必须留有通风道以便加快干燥。

图 2-12 棚内阴干

22. 人工干燥方法有哪些?

自然干燥受环境条件的影响较大,如果遇雨,会造成饲草霉烂,损失较大。采用人工干燥法可加快干燥速度,降低营养损失,制成优质青干草,但缺点是成本较高,能源消耗较大。人工干燥时,多用联合收割机,同时完成刈割、切碎等工序,并将茎秆压扁,以利干燥(图 2-13)。人工干燥法主要有常温鼓风干燥法、高温快速干燥法、茎秆压扁干燥法、干燥剂干燥法、低温冻干法等。

图 2-13 联合收割机割草

23. 什么是常温鼓风干燥法？

将刈割后的燕麦在田间晾晒至含水量 50% 左右时，置于设有通风道的草棚下，用普通鼓风机或电风扇等吹风装置，进行吹风干燥（图 2-14）。需要分层进行干燥。第一层燕麦草先堆 1.5~2m 高，经过 3~4d 干燥后，再堆 1.5~2m 高的第二层草。如条件允许，可继续堆第三层草，总高度不要超过5m。这种方法在收获时期白天或夜间温度高于 15℃、相对湿度低于 50% 使用，效果较好。

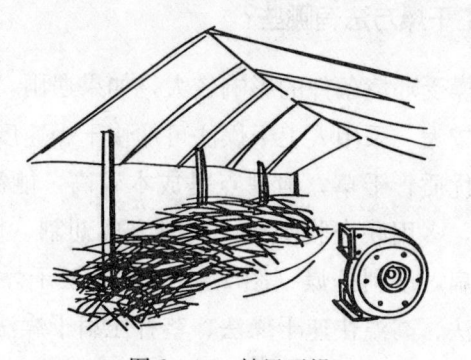

图 2-14 鼓风干燥

24. 什么是高温快速干燥法？

常用的方法有两种：一种是在收割的同时将燕麦切成 3~15cm 长的碎草，随即用烘干机迅速烘干，使含水量降至 15%~18%；另一种是将燕麦刈割后在天气晴朗时就地晾晒 3~4h，使含水量由 80%~85% 降至 65% 左右，再将原料切碎送入烘干机中，使含水量迅速下降至 15% 左右。目前采用的烘干机多为连续作业的气流滚筒式烘干机，入口温度为 400~600℃，出口温度为 60~140℃（图 2-15）。烘干机中温度很高，但燕麦草本身的温度一般不超过 30～35℃，营养物质损失较少。

图 2-15　气流滚筒式烘干

25. 什么是茎秆压扁干燥法？

压扁茎秆可使植物各部位的干燥速度趋于一致，从而缩短干燥时间。茎秆压裂后，干燥时间可缩短 1/3～1/2（图 2-16）。对燕麦刈割后进行茎秆压扁处理，不仅可加快干燥时间，而且对降低营养物质的损失有明显效果。茎秆未压扁时燕麦总可消化养分为 54.81%；茎秆压扁处理后，总可消化养分为 60.05%，提高了 5.24 个百分点。

压扁茎秆可缩短干燥时间。茎秆压裂后，干燥时间可缩短1/3~1/2

图 2-16　压扁茎秆的好处

26. 什么是干燥剂干燥法?

使用干燥剂可使植物表皮的化学、物理结构发生变化,使气孔张开,改变表皮的蜡质疏水性,从而增加了水分的散失,缩短干燥时间。常见的化学干燥剂有碳酸钾、碳酸钙和碳酸氢钠等。在刈割晾晒的过程中直接喷洒在饲草上,即可加速干燥过程(图 2-17)。不同的干燥剂用法用量有所差异,在购买和使用中应参考使用说明。

在刈割晾晒的过程中,将干燥剂直接喷洒在饲草上,即可加速干燥过程

图 2-17 干燥剂的效果

27. 什么是低温冻干法?

调节燕麦的播种期,使其在霜冻来临时,达到开花或灌浆期。霜后 1~2 周内进行刈割。此时植物茎秆经霜冻后,变脆易割。刈割后的草垄铺于地面冻干脱水,不需翻动,即可制成冻干草。甘肃农业大学赵桂琴在甘肃省夏河县桑科草原进行试验研究,发现燕麦于 6 月上旬播种,播种量 18~20kg/亩,到 9 月份刈割,可收获含水量 35% 的燕麦冻干草 920~1 033kg/亩,品质较优,粗蛋白含量达 11%,酸性洗涤纤维低于 30%。

28. 燕麦干燥过程中如何估测含水量?

调制青干草过程中,应随时掌握牧草含水量的变化,以便及时采取有效措施,减少青干草营养成分的损失。青干草含水量的测定,除通过采样进行实验室较准确的测定外,还可以在田间用感应式水分仪进行快速测定,也可用感官法估测含水量(图 2 - 18)。燕麦茎叶由鲜绿色变成深绿色,叶片卷成筒状,基部茎秆尚保持新鲜,取一束草用力拧挤,不能挤出水分,而成绳状,此时含水量为 40%~50%。在紧握干草束或揉搓时,没有沙沙响声,易将草束拧成紧实而柔软的草辫,经多次搓拧或弯曲而不折断,这时含水量为 25% 左右。如果紧握草束或揉搓时,只有沙沙响声,而无干裂声,放手时草束散开缓慢,但不能完全散开,叶片卷曲,弯曲茎时不易折断,这时含水量为 18% 左右。如果紧握或揉搓草束时,发出沙沙声和破裂声(茎细叶多的干草听不到破裂声),茎秆易断,拧成的草辫松开手后,几乎完全散开,这时含水量约为 15% 左右。

图 2 - 18　青干草含水量的测定方法

（五）燕麦青干草贮藏技术

29. 燕麦青干草的贮藏方法有哪些？

调制的优质青干草，如果贮藏不当，不仅会造成营养物质的大量损失，发生霉烂，甚至发热引起火灾。青干草能否安全合理贮藏，是影响其质量的又一重要环节。燕麦青干草主要的贮藏方法有露天堆垛、草棚堆藏和草捆贮藏等（图2-19）。

图2-19　燕麦青干草的贮藏方法

30. 什么是露天堆垛贮藏？

露天堆垛是我国传统的青干草存放形式（图2-20）。此法虽经济简便，但易遭雨淋、日晒等的影响。因此堆垛时应尽量压紧，加大密度，缩小与外界环境的接触面。垛顶用厚塑料布覆盖，以减少损失。垛址应选择地势平坦干燥、排水良好、背风和取用方便的地方。堆垛时中间须尽力踏实，边缘要整齐，中央比四周高。含水量较高的青干草，应当堆在草垛的上部，过湿或结成团的干草应挑出。收顶时应从草垛高度的 1/2 或 1/3 处开始，从垛底到垛顶应逐渐放宽 1m 左右。另外，堆垛不能拖延或中断，最好当天完成。

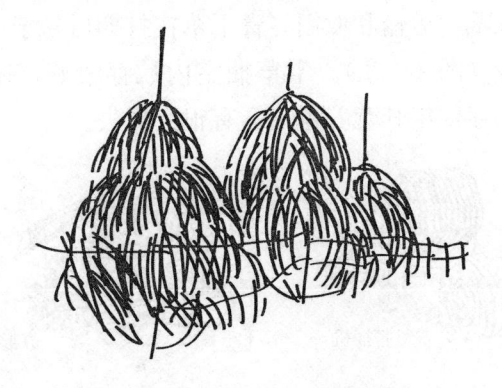

图 2 - 20　露天堆垛

31. 什么是草棚堆藏?

贮草棚可大大减少青干草的营养损失。堆藏干草时，首先在靠近棚檐以内 30～50cm 的地方垛起，形成类似墙体形状。当干草堆藏量较大时，为了利于通风，应留出 50～100cm 的通风道，并使棚顶与干草保持一定的距离（图 2 - 21）。

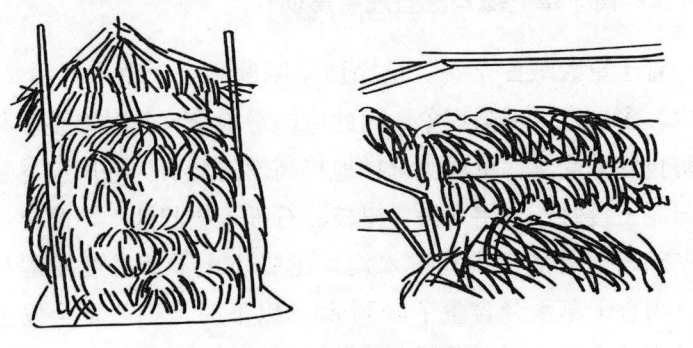

图 2 - 21　干草棚和贮草棚

32. 什么是草捆贮藏？

　　燕麦草晒干后打捆再贮藏，单位重量干草体积减小，重量大，便于堆藏、运输和取用。青干草在打捆后易于流通，操作中损失较少（图2-22）。干草捆室内贮存最好，避开风雨侵蚀，即使贮存数年其营养也不会有很大损失。

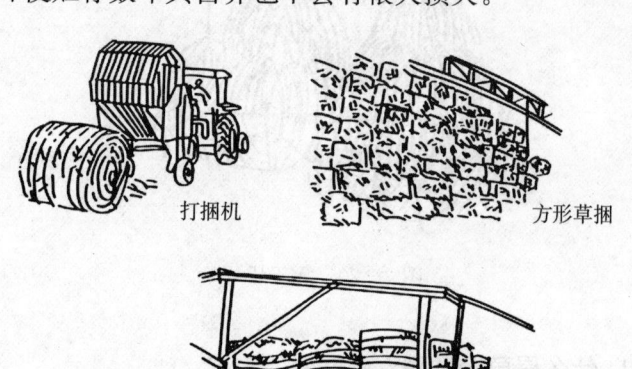

打捆机　　　　　　　　　　方形草捆

圆形草捆

图2-22　草捆的贮藏

33. 青干草贮藏有哪些注意事项？

　　青干草贮藏首先要防止垛顶塌陷漏雨。干草堆垛后2～3周内，多易发生塌陷现象，因此应经常检查，及时修整。其次要防止垛基受潮。草垛应选择地势高燥的场所。垛底应尽量避免与泥土接触，要用木头、树枝、石砾等垫起铺平，高出地面40～50cm。垛底四周挖排水沟。还要防止干草过度发酵与自燃。当青干草水分含量下降到20%以下时，一般不会发生发酵过度的情况。如果堆垛时干草水分在20%以上，则应设通风道。含水量较高的青干草堆垛后，前期发酵过热，到 60℃以上时微生物停止活动，但氧化作用继续进行。当温度上升至 150℃左右时，接触新鲜空气即可引起自燃，一般发生在贮藏后 30~40d，堆贮的青干草含水量超过 25％时，则有自燃的危险。当发现垛温上升到 65℃以上时，应立即穿垛降温或倒垛。草堆外层的干草因阳光漂白作用，胡萝卜素含量最低。草垛中间及底层的干草，因挤压紧实，氧化作用较弱，因而胡萝卜素损失较少。因此，贮藏青干草时，要尽量压实，集中堆大垛，并加强垛顶的覆盖，以减少胡萝卜素的损失。另外，干草最好在棚内贮藏。棚顶与干草垛保持一定的距离，以利通风散热。如果打捆时干草含水量较高，则草垛中间应设置通风道，以利于继续风干（图 2-23）。露天堆垛贮藏，垛外层的草捆会因风吹日晒雨淋而增大损失，应加盖篷布或塑料布。

青干草贮藏有哪些注意事项？
防止垛顶塌陷漏雨、防止垛基受潮、防止干草过度发酵与自燃、减少胡萝卜素的损失、干草最好在棚内贮藏

图 2-23　青干草贮藏的注意事项

（六）燕麦青干草评定

34. 如何根据感官评定青干草质量？

青干草的品质直接影响家畜的采食量及其生产性能。一般

认为青干草的品质应根据消化率及营养成分含量来评定，其中粗蛋白、胡萝卜素、粗纤维或酸性洗涤纤维与中性洗涤纤维含量是青干草品质的重要评价指标。但生产实践中，还可以外观特征来评定青干草的质量（图 2-24）。评定指标主要有颜色、含水量、叶量、气味和病虫感染情况等。

图 2-24　根据感官评定青干草质量

　　燕麦干草茎、叶色泽越绿，说明营养物质损失越少，所含的可溶性营养物质、胡萝卜素及其他维生素也越多；若呈淡黄色，说明养分损失较多；有褐色斑点或者发黑则说明已经发霉变质。理论上优质燕麦青干草的含水量应该为 15%～17%。但由于海拔、纬度等方面的差异，不同地区青干草安全贮藏的含水量差异较大。在甘肃甘南和青海的高海拔地区，燕麦青干草含水量在 30%以内仍然可以安全贮藏至来年春季。因为这些地区冬春季节气温很低，含水量较高的青干草在保存了更多营养成分的同时也不容易腐烂变质，贮藏期间注意通风即可。叶量多少是确定青干草品质的重要指标。叶量越多，营养价值越高。燕麦等禾本科干草叶片一般不易脱落，营养损失较少。优良燕麦青干草一般都具有较浓郁的芳香味。这种香味能刺激家畜的食欲，增强适口性。如果有霉烂及焦灼的气味，则品质低劣。凡是经病虫感染过的牧草调制成的干草，不仅营养价值低，而且有损家畜健康。开花期以后刈割的燕麦干草，一般检查其穗上是否有黄色或黑色的斑纹及小穗上是否有煤烟状的黑色粉末，是否有腥味。如果有上述特征，一般不宜饲喂家畜，更不能喂种畜和幼畜，孕畜食后易造成流产。

35. 如何根据营养成分评定青干草质量?

许多国家对干草品质都制定有统一的评定标准，并根据标准划分干草等级，作为干草质量检验和评定的依据。我国在2018年由中国畜牧业协会发布了燕麦干草的分级标准，将燕麦干草分为A型（表2-1）和B型（表2-2）。另外，各地根据实际情况还发布了燕麦干草质量的地方标准。

表 2-1　A 型燕麦干草质量分级

单位:%

化学指标	等级			
	特级	一级	二级	三级
中性洗涤纤维	<55.0	≥55.0 <59.0	≥59.0 <62.0	≥62.0 <65.0
酸性洗涤纤维	<33.0	≥33.0 <36.0	≥36.0 <38.0	≥38.0 <40.0
粗蛋白	≥14.0	≥12.0 <14.0	≥10.0 <12.0	≥8.0 <10.0
水分	≤14.0			

注：中性洗涤纤维、酸性洗涤纤维和水溶性碳水化合物含量均为干物质基础。

表 2-2 B 型燕麦干草质量分级

单位:%

化学指标	等级			
	特级	一级	二级	三级
中性洗涤纤维	<50.0	≥50.0 <54.0	≥54.0 <57.0	≥57.0 <60.0
酸性洗涤纤维	<33.0	≥33.0 <33.0	≥33.0 <35.0	≥35.0 <37.0
水溶性碳水化合物	≥30.0	≥25.0 <30.0	≥20.0 <25.0	≥15.0 <20.0
水分	≤14.0			

注:中性洗涤纤维、酸性洗涤纤维和水溶性碳水化合物含量均为干物质基础。

三、燕麦青贮调制技术

（一）青贮的原理及优点

36. 青贮的原理是什么？

在原料具有一定的水分、糖分及厌氧的条件下，利用其自身存在的乳酸菌进行发酵，使乳酸菌大量繁殖，将原料中的淀粉和糖分解成以乳酸为主的小分子有机酸，当有机酸积累到一定浓度，pH 下降到 4.2 时，即可抑制丁酸菌、霉菌等有害菌、腐败菌的生长繁殖；当 pH 下降到 3.8 以下时，乳酸菌自身繁殖也被抑制，饲料中所有微生物都处于被抑制状态，停止活动，从而实现青绿饲料的安全保存。常温下一般经过 30d 左右，青贮发酵即告完成（图 3-1）。

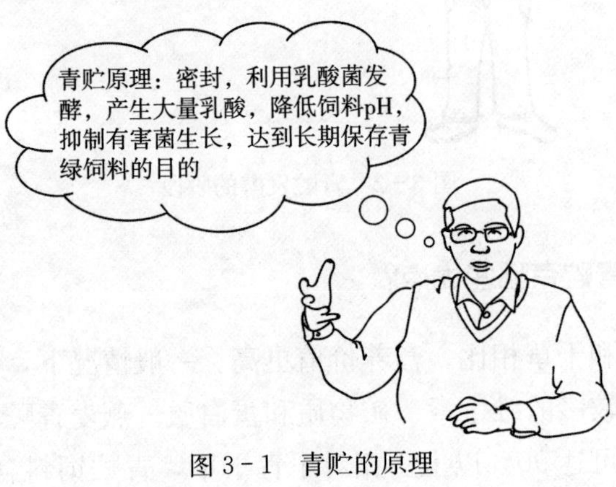

> 青贮原理：密封，利用乳酸菌发酵，产生大量乳酸，降低饲料 pH，抑制有害菌生长，达到长期保存青绿饲料的目的

图 3-1　青贮的原理

37. 青贮发酵有几个阶段？

青贮发酵是一个连续的、具有一定阶段性的过程，一般可分为四个主要阶段：好氧发酵阶段、乳酸发酵阶段、青贮稳定阶段、开窖有氧阶段（图3-2）。青贮饲料封埋后3d左右是好氧发酵阶段，氧气尚存，好气性微生物的生长繁殖和植物细胞呼吸作用不断消耗碳水化合物，产生二氧化碳和热量。当氧气耗尽乳酸菌开始大量增殖便进入乳酸发酵阶段，碳水化合物转化为乳酸，pH开始下降。这一过程将持续2～3周。当pH下降至3.8～4.2，所有微生物停止活动时进入稳定阶段，几乎没有物质变化。最后是开窖有氧阶段，在开窖取用青贮饲料时，空气进入青贮中，造成二次发酵，再次产生二氧化碳和热量。

青贮发酵4个主要阶段：
好氧发酵阶段
乳酸发酵阶段
青贮稳定阶段
开窖有氧阶段

图3-2 青贮发酵的阶段

38. 青贮有哪些优点？

青贮和干草相比，营养价值更高。一般情况下，青贮比干草能保存较多的维生素、矿物质和蛋白质。燕麦青贮的胡萝卜素保存率可达90%以上。相对于青干草，青贮饲料含水量高，适口性好。青贮发酵过程中，乳酸菌的发酵作用使蛋白质、维生素和矿物质等营养元素很好保存，并能降低纤维素含量，促进秸秆软化。同时青贮饲料有独特酸香味，促进牲畜消化液的大量分泌，刺激食欲，显著增加消化率和采食率。青贮发酵过程中产生的严格厌氧和低 pH 环境，能够有效杀死常见致病菌、寄生虫和致病虫卵等，保证了饲料的安全性（图 3-3）。

青贮有哪些优点？
营养价值高、适口性好、消化率高、安全性好、原料广、成本低、耐储藏

图 3-3　青贮的优点

另外，青贮的原料广，各类青绿饲草料均可用来制作青贮。青贮调制过程中强烈的微生物发酵作用，可使家畜原本不愿采食或是不能采食的一些青绿饲料，如马铃薯秧、蒿草、芭蕉叶、菊芋等，能够被家畜所喜食和利用。青贮的成本也低。青贮饲料调制过程简单，受气候条件的影响较小，处理量大，成本低。青贮更耐贮藏。我国主要牧区大多气候寒冷，植物生长期短，冬春季饲草匮乏。通过青贮调制，能够把夏秋旺季多余的青绿牧草保存起来，补充冬春季饲草供给的不足。青贮饲料如果调制管理得当，可大大延长保存时间，几年甚至十几年不变质。

39. 青贮过程中的损失有哪些？

青贮发酵完成后，只要厌氧和高酸性环境不被打破，青贮饲料即可长期保存。但是在实际生产中，常常由于各种原因而造成青贮损失，有些是不可避免的，有些通过预防完全可以避免。不可避免的损失包括田间凋萎、残余呼吸、乳酸菌发酵、汁液渗漏等，合计为7%～40%，其原因主要是天气、田间收获管理、植物酶、微生物以及原料含水量等（图3-4）。可避免的损失包括贮存期间好气性变质、二次发酵等，合计在0～30%，主要受装填时间、密度、青贮设施、密封状况、取用技术和季节等因素影响。

不可避免的损失包括田间凋萎、残余呼吸、乳酸菌发酵、汁液渗漏等

图3-4　青贮过程中不可避免的损失

（二）燕麦青贮调制的注意事项

40. 如何确定刈割时期？

青贮饲料的品质与燕麦刈割时期密切相关。刈割过早，产量较低、水分太高；刈割过晚，纤维素含量升高，品质下降。因此，选择合适的刈割时期尤为重要。一般而言，燕麦青贮在开花至乳熟期收获均可，一般推荐灌浆至乳熟期收获（图3-5）。

燕麦青贮在开花至乳熟期收获均可，一般推荐灌浆至乳熟期

图 3-5　燕麦青贮的刈割时期

41. 切碎多长合适?

燕麦在青贮时切碎与否对青贮料品质的影响较大，切碎处理可使装填密度达到 $115kg/m^3$，干物质回收率为 71.62%，干物质、蛋白质和无氮浸出物的消化率分别达到 64.31%、64.63 和 60.04%；不切时装填密度约为$72kg/m^3$，干物质回收率为 59.03%，干物质、蛋白质和无氮浸出物的消化率分别为 58.34%、48.91 和 54.63%，均明显低于切碎处理。

切碎更有利于压实、降低青贮 pH 和提高挥发性脂肪酸含量，增加干物质和粗蛋白的含量。切碎长度不仅影响其本身的发酵，饲喂动物时还会影响消化率。但切得太短会增加反刍动物亚急性瘤胃酸中毒的风险。燕麦青贮切碎长度在 9～27mm 范围内较为适宜。

42. 燕麦青贮的适宜含水量是多少?

含水量是影响青贮品质的一个重要因素。含水量太高，营养成分大量渗出，促进梭菌生长，甚至导致霉变。含水量过低，不

利于微生物的生长和繁殖，且不利于压实，容易引起好氧霉变。通常认为，青贮原料含水量以65％～75％为宜（图3-6）。

估测含水量时，可将燕麦草在铡碎后抓在手中握紧，指缝中有水珠渗出而不滴下，即为适宜含水量。若原料水分过大，握压时汁液易从指缝中滴流。

青贮原料含水量以65%~75%为宜

图3-6　青贮原料的含水量

43. 密闭性对燕麦青贮有什么影响？

良好的气密性是青贮成功的关键。厌氧条件下，乳酸菌能够迅速繁殖，短时间内形成庞大种群，有效抑制其他好氧微生物的活动，为青贮成功奠定良好基础。因此一定要通过各种手段增加密闭性，如原料切碎、压实、密封等，要尽快创造厌氧环境（图3-7）。

良好的气密性是青贮成功的关键

图3-7　气密性是青贮
成功的关键之一

44. 可溶性糖含量对燕麦青贮有什么影响?

一定的可溶性糖含量亦是青贮成功的关键。较多的可溶性糖能够为乳酸发酵提供充足的底物,有利于更好、更快、更多地产生乳酸。青贮原料中的可溶性碳水化合物含量低于1%时,不利于乳酸和其他小分子有机酸的产生。燕麦含有丰富的可溶性糖,适于青贮。

45. 温度对燕麦青贮有什么影响?

青贮发酵过程是利用微生物发酵的过程,涉及各种复杂的生理生化反应。乳酸菌发酵的适宜温度为 19~37℃。温度过低,降低了酶活性,不利于微生物活动,妨碍乳酸菌的生长繁殖。温度过高,易引起青贮原料二次发酵,导致丁酸大量生成,产生刺激性腐臭味,使青贮品质变劣。一般认为,青贮发酵温度以 25~30℃为宜(图 3-8)。

青贮发酵温度以 25~30℃为宜

图 3-8 青贮的适宜温度

46. 燕麦与豆科牧草混合青贮对品质有什么影响?

燕麦与豆科牧草混合青贮可形成养分互补,提高营养价值。燕麦与箭筈豌豆混贮可显著改善青贮发酵品质,效果优于单播燕麦。甘肃农业大学琚泽亮研究发现在 65%~70%含水量下,混合青贮比燕麦单独青贮粗蛋白含量高出 14.70%。

47. 燕麦青贮的调制原则是什么？

燕麦青贮调制的原则为"四快"：快收、快运、快装、快封。短铡快装、层层压实。制作青贮料时必须做到随割、随运、随装，装窖时间不得超过 2d。拖延封窖时间对青贮品质影响很大。拖延 3d 与不拖延相比，贮藏温度为 15℃时，pH由 4.0 上升至 4.7，干物质损失由 6.1% 上升到 10.2%；贮藏温度为 30℃时影响更大，pH 由 4.0 上升至 5.0，干物质损失由 8.9% 上升到 30.8%。

原料的铡切长度以 2～3cm 为宜。在装窖时，每装填 20～30cm 厚就要压实一次。需特别注意窖的边角部位的压实。装填时必须集中人力和机具，使青贮饲料生产机械化，尽量缩短原料在空气中暴露的时间，越快越好（图 3-9）。

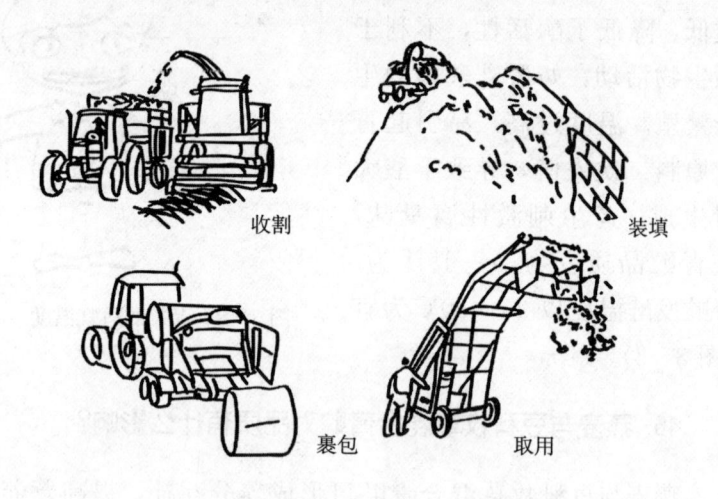

收割　　　　　　　　　　装填

裹包　　　　　取用

图 3-9　青贮饲料生产机械化

生产中常出现的青贮料发臭变质，主要是由于温度过高、空气进入造成的。究其原因：一是压踩不实，残留氧气过多；

二是铡装缓慢，原料与空气接触时间过长，导致氧化产热。

（三）燕麦青贮的类型

48. 什么是青贮塔青贮？

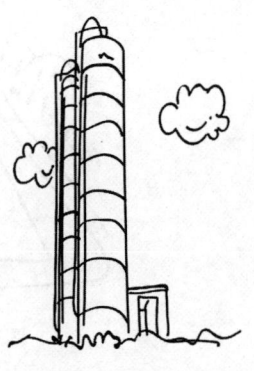

青贮塔是用砖和水泥建成的圆形塔，国外用不锈钢、硬质塑料或水泥筑成永久性大型塔，坚固耐用，密封性能好。直径一般为 6m，高 10～15m。可将青贮原料从塔顶灌入。青贮发酵成熟后，可从青贮塔的底部取料（图 3 - 10）。

图 3 - 10　青贮塔

49. 什么是青贮窖（池）青贮？

青贮窖有地下式和半地下式两种。青贮窖的深度根据地下水位的高低来确定（图 3 - 11）。在地下水位高的地方采用半地下式。贮量少的一般用圆形青贮窖。贮量多时以长方形为好。青贮窖一般要求上大下小，底部砌成弧形，应倾斜以利排水。最好用砖石砌成永久性的青贮窖。

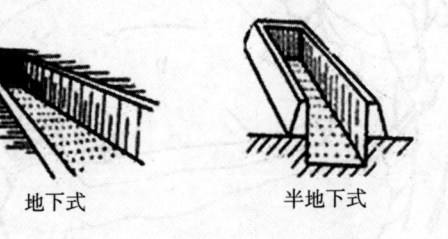

地下式　　　　半地下式

图 3 - 11　青贮窖（池）

装填前，先将青贮池打扫干净（图 3 - 12），池底部填一层10～15cm厚的短草。大型青贮池从一端开始装起，用机械压实，逐渐向另一端装填，以装至高出池口1m左右为宜。然后用厚塑料布封顶，再用废旧轮胎压顶。

图3-12　农家小型青贮窖

小型青贮池从下向上逐层装填，每装30cm人工踩实一次，直至高出池口70cm左右。当装填至离池口30cm时，在池壁上铺塑料薄膜以备封池。青贮装满后用塑料薄膜覆盖池顶（图3-13），上压10～15cm厚软草，再压20～30cm的湿土，堆成馒头型，以利排水（图3-14）。平时要常到窖边观察塑料布有无破损、漏气现象，若有，要及时补好。

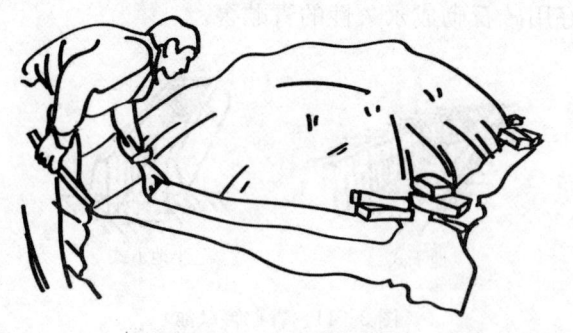

图3-13　窖口铺塑料膜

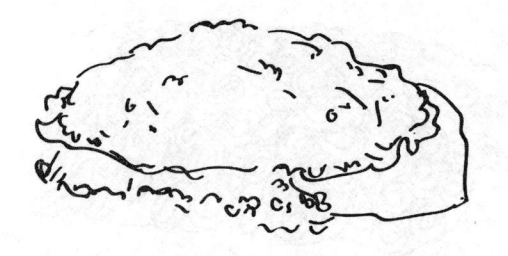

图 3-14　密封

50. 什么是地面青贮?

地面青贮是目前使用最广泛的一种青贮方式,大型养殖场几乎全部用地面青贮,具有操作方便、贮量大等特点(图 3-15)。常用砖壁结构,壁高约 2～3m,顶部呈隆起状,壁层厚度不少于 20cm,并用水泥砂浆抹光表面。内壁和底部应用砖和水泥砌筑严密,将饲草逐层堆积压实,装满后顶部用塑料膜密封,并在其上压以重物。

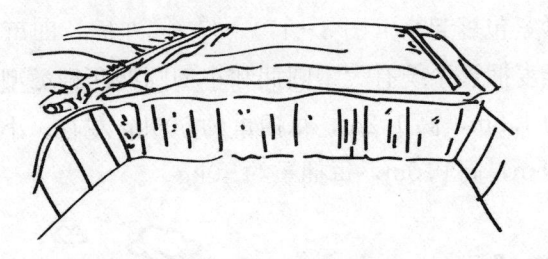

图 3-15　地面青贮

有的地方还用堆贮,就是将青贮原料按照青贮操作程序堆积于地面。压实后,垛顶及四周用塑料薄膜封严,排尽空气。塑料外面可用草帘、废旧轮胎(图 3-16)等盖压。

青贮窖(池)应单独设区,与畜舍和贮粪场保持距离,且应设在地势较高不积水的地方。青贮窖的容量和形状应依据实

图 3-16　地面青贮的密封

际生产情况而定。一般而言，青贮设施越大，原料的损耗就越小，质量就越好。在实际应用中，要考虑到饲养家畜头数的多少，每日由青贮窖内取出的青贮料厚度不少于 10cm。

51. 什么是裹包青贮?

将刈割后的新鲜燕麦切短或不切，用捆草机捆成捆，外面包以丝网。然后用裹包机，以专用双向拉伸聚乙烯回缩薄膜，将草捆紧紧包裹起来（图 3-17）。经 3～6 周，即可完成自然发酵。燕麦捆裹系统有大型圆捆和小型圆捆两种类型。大型圆捆直径为 1.2m，高 1.2m，每捆重约 500kg 左右。小型圆捆直径为 0.55m，高 0.5m，每捆重约 40kg。

图 3-17　裹包青贮

52. 什么是袋装青贮?

选用无色、透明、无毒的筒式聚乙烯塑料薄膜制作青贮袋。在青贮料装袋之前,用等大的纤维编织袋套在青贮塑料袋外面。装填时先装袋的两个底角,填实压紧,装一层踩一层或用手压实,注意不要踩破或划破塑料袋以防漏水透气。装满压实后,将袋内的空气用手挤压排出袋外,用绳扎紧袋口。整个青贮过程要做到六随:即青贮原料随收割随运输,随切碎随装袋,随踏实压紧随密封。在冬季气温下降到 0℃ 以下时,用玉米皮、树叶、杂草等盖好青贮袋,以防冻裂。袋装青贮比较适合饲养牲畜数量少的农户。与窖贮相比,该方法技术简单,操作方便,开封、饲喂方便(图 3-18)。

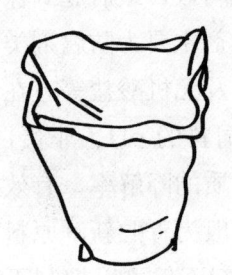

图 3-18　袋装青贮

(四) 青贮添加剂的使用技术

53. 青贮添加剂有哪些?

使用添加剂是提高青贮料品质和营养水平的重要措施,是在普通青贮的某个环节加入添加剂。目前常用的青贮添加剂按作用效果可分为 3 类,即抑制性添加剂、促进性添加剂和营养

性添加剂（图 3 - 19）。

青贮添加剂按作用效果可分为3类：抑制性添加剂、促进性添加剂和营养性添加剂

图 3 - 19　青贮添加剂的类型

抑制性添加剂可抑制青贮发酵过程中好氧微生物的活力及不良微生物的发酵，从而有效防止青贮腐败，最后起到保存饲料营养价值的目的。常用的抑制性添加剂主要为防腐剂类，如甲醛和有机酸类的甲酸、乙酸、丙酸等及无机酸盐等。在青贮饲料中添加甲酸，可以显著降低青贮饲料的 pH、非蛋白氮、氨氮浓度，同时还可有效降低青贮蛋白质的降解率，有效抑制不良微生物的繁殖生长。甲酸添加量一般为青贮新鲜原料重量的 5％左右。乙酸作为一种抑制性添加剂不仅可以抑制不良微生物的生长，有效增加青贮的有氧稳定性，还能改善青贮饲料的发酵品质。丙酸比甲酸及其他无机酸的酸性弱，但仍是一种有效的抗真菌剂。一般而言，丙酸的添加量为青贮原料的 0.5％～0.6％时，就可有效抑制不良微生物的繁殖，有效防止青贮饲料的腐败变质。甲醛是国内外使用较为普遍的消毒剂，也是一种抑制性发酵剂。甲醛可以抑制青贮过程中各种微生物的活动，改善青贮饲料的气味、结构和色泽，能够有效防止青贮饲料中粗蛋白的降解。另外，苯甲酸钠、山梨酸钾、亚硝酸

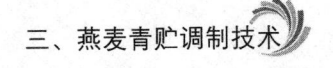

钠混合添加剂对青贮发酵品质也具有明显改善作用。

54. 促进性添加剂有哪些?

此类添加剂可以增加乳酸菌数量,促进乳酸菌对可溶性糖的发酵,主要种类有乳酸菌(图3-20)、酶类制剂等。在青贮过程中增加乳酸菌,可以有效降低青贮pH,增加乳酸的产量,以取得早期乳酸发酵的优势,有效抑制有害微生物的繁殖。甘肃农业大学琚泽亮等对灌浆至乳熟期燕麦裹包青贮进行添加剂研究,发现不同乳酸菌制剂的青贮效果有所不同,与Synlac Dry相比,Sila-Max 200在提高青贮品质方面效果更好,而且其对改善燕麦发酵品质和有益微生物类群数量也有较明显的效果,用Sila-Max 200青贮的乳酸含量、乙酸和丙酸含量较采用SynlacDry的燕麦青贮分别高42.11%、114.8%和17.39%,霉菌和酵母菌数量降低16.73%。

图3-20 各种乳酸菌添加剂

近年来研究开发乳酸菌制剂多为各种菌的混合制剂,其效果优于单一制剂。四川农业大学王目森用植物乳杆菌和布氏乳杆菌及其混合菌对多花黑麦草的青贮效果比较,发现混合菌处理可改善青贮饲料的发酵品质,显著提高有氧稳定性,显著降低硝酸盐和亚硝酸盐含量,在实际生产中可加以开发利用。有的添加剂除含有几种活性菌外,还含有酶、糖类、矿物质等。

酶制剂由胜曲霉、黑曲霉、米曲霉等浅层培养物浓缩而成，以含淀粉酶、糊精酶、纤维素酶和半纤维素酶为主。一般按青贮原料重量的 0.01%～0.5% 添加酶制剂。酶制剂可使青贮料中部分多糖水解成单糖，促进乳酸发酵。酶制剂多用于禾本科牧草或秸秆类原料的青贮。

55. 营养性添加剂有哪些？

营养性添加剂主要有糖蜜、食盐、尿素等（图 3 - 21）。这类添加剂能够改善青贮饲料适口性并增加青贮饲料的营养。尿素是较早用于青贮饲料的一类添加剂，适用于燕麦、玉米、高粱等禾谷类饲料作物青贮。添加后可增加饲料的非蛋白氮含量，改善青贮料的营养价值。添加量一般为原料总量的 0.3%～0.5%。如果利用燕麦秸秆青贮，加入食盐能促进细胞液渗出，有利于乳酸菌发酵。添加食盐还可以破坏某些毒素，提高适口性。添加量一般为 0.3%～0.5%。为了防止低镁症，有时也向青贮饲料中添加镁的化合物。硫酸镁的添加量约为每吨青贮原料 2.3kg 左右。此外，在青贮时喷洒含微量元素的苯甲酸溶

营养性添加剂主要有糖蜜、食盐、尿素等

图 3 - 21　营养性添加剂的类型

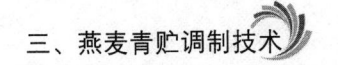

液，也可提高青贮的营养价值。其用量为每吨青贮料添加苯甲酸 3kg，硫酸铜 2.5kg，硫酸锰 5.0g，硫酸锌 2.0g，氯化钴 1.0g，碘化钾 0.1g。

（五）燕麦青贮质量评定技术

56. 如何根据颜色、气味和结构来评定青贮质量？

优质的燕麦青贮呈绿色或黄绿色，非常接近原色；中等的青贮呈黄色或暗褐色；品质低劣的一般为黑褐色或墨绿色。

优质的燕麦青贮饲料芳香味较浓，味酸不刺鼻，也无丁酸臭味。劣质青贮料无酸味，但丁酸臭味或氨味很浓。

优质青贮饲料在窖内压得很实，抓到手中却很松散，湿润，没有发黏的感觉。茎叶仍保持原状，容易分离。劣质青贮料手握时有发黏的感觉，严重时茎叶粘成一团好像一块污泥，有的整块上面长满白毛（图 3-22）。

图 3-22　燕麦青贮质量的感官评定

可以根据青贮料的颜色、气味和结构进行打分。20～16分为优良，15～10分为尚好，9～5分为中等，4～0分劣质。评定细则见表3-1。劣质的青贮料不能饲喂家畜。

表 3-1　青贮饲料感官评定标准

指标	标准	分数
颜色	呈墨绿色或黑褐色	0
	呈黄色或暗褐色	1
	接近原料原色	2
气味	无酸味、丁酸臭味或氨味浓	2
	丁酸味、糊臭味或霉味浓	4
	丁酸臭味淡，酸味浓，芳香味淡	10
	无丁酸臭味，芳香味浓	14
结构	茎叶腐烂，污泥状、黏滑或干燥或黏结成块，结构严重破坏	0
	茎叶发生轻度霉菌，结构被破坏	1
	茎叶结构稍受破坏，部分保持原状	2
	茎叶结构清晰可见，保持原状，容易分离	4
等级	20～16优良；15～10尚好；9～5中等；4～0劣质	

（六）青贮料的取用技术

57. 青贮料如何取用？

对于青贮窖或青贮池，要在一个横断面上逐段往里取料，每天至少取10cm厚。不要在横断面上往里掏洞，不然会扩大青贮料与空气的接触面，使其较长时间暴露在空气中，气温较高时会引起发霉变质。每次取料后要用塑料布将取料的一端盖严封好。取用量以当天用完为原则，夏季炎热时应随取随喂。可以采用取料切割机进行青贮料的取用，避免手工操作不当带

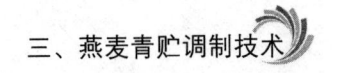

来的损失（图 3-23）。

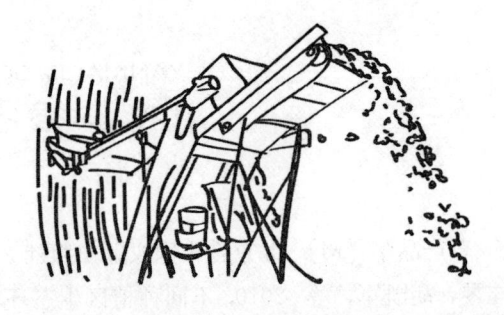

图 3-23 取料切割机

裹包和袋装青贮的取用较为方便，根据用量开包取用即可。若有剩余青贮料应排尽空气扎紧袋口，并在短期内用完，以防发霉变质。

曹致中 . 2005. 草产品学 ［M］. 北京：中国农业出版社 .

柴继宽，赵桂琴，胡凯军，等 . 2010. 不同种植区生态环境对燕麦营养价值及干草产量的影响 ［J］. 草地学报，18（3）：421 - 425，476.

柴继宽，赵桂琴，师尚礼 . 2011. 7 个燕麦品种在甘肃二阴区的适应性评价 ［J］. 草原与草坪，31（2）：1 - 6.

陈默君，张文淑 . 1999. 牧草与粗饲料 ［M］. 北京：中国农业大学出版社 .

付关民，王双山 . 2003. 完善青贮料品质的技术措施 ［J］. 草食家畜（2）：45 - 47.

侯建杰，赵桂琴，焦婷，等 . 2013. 6 个燕麦品种（系）在甘肃夏河地区的适应性评价 ［J］. 草原与草坪，33（2）：26 - 32，37.

侯建杰，赵桂琴，焦婷，等 . 2014. 不同含水量及晒制方法对燕麦青干草品质的影响 ［J］. 中国草地学报，36（1）：69 - 74.

侯建杰 . 2013. 高寒牧区燕麦青干草品质的影响因素研究 ［D］. 兰州：甘肃农业大学 .

胡成波，于海洋，姜政伟 . 2011. 青干草晾晒贮存加工新技术 ［J］. 中国草食动物，31（2）：83 - 84.

琚泽亮，赵桂琴，柴继宽，等 . 2019. 不同燕麦品种在甘肃中部的营养价值及青贮发酵品质综合评价 ［J］. 草业学报，28（9）：77 - 86.

琚泽亮，赵桂琴，覃方铿，等 . 2016. 含水量对燕麦及燕麦＋箭筈豌豆裹包青贮品质的影响 ［J］. 草业科学，33（7）：1426 - 1433.

琚泽亮，赵桂琴，覃方锉，等.2016.青贮时间及添加剂对高寒牧区燕麦—箭筈豌豆混播捆裹青贮发酵品质的影响［J］.草业学报，25（6）：148-157.

琚泽亮，赵桂琴，覃方锉，等.2016.添加玉米粉和乳酸菌制剂对燕麦与箭筈豌豆混播捆裹青贮发酵品质的影响［J］.草原与草坪，36（2）：59-65.

梁英，王丽香，姚素娟，等.2016.5个燕麦品种不同收获期产量及营养品质的综合评价［J］.山东农业科学，48（9）：49-53.

刘刚，赵桂琴，白史且，等.2009.川西北高寒牧区冬春补饲饲草营养价值的综合评价［J］.草业科学，26（7）：94-98.

刘刚，赵桂琴.2006.刈割对燕麦产草量及品质影响的初步研究［J］.草业科学（11）：41-45.

马春晖，韩建国.2000.高寒地区燕麦及其混播草地最佳刈割期的研究［J］.塔里木农垦大学学报，12（3）：15-20.

尼玛扎西，禹代林，边巴.2011.饲料燕麦不同青刈期试验研究初报［J］.西藏科技（4）：9-11.

热杰.2009.乳酸菌添加剂对青藏高原燕麦青贮品质的影响［J］.安徽农业科学，37（32）：15846-15847.

覃方锉，赵桂琴，焦婷，等.2014.不同添加剂对青贮燕麦品质的影响［J］.草原与草坪，34（1）：38-43.

覃方锉，赵桂琴，焦婷，等.2014.含水量及添加剂对燕麦捆裹青贮品质的影响［J］.草业学报，23（6）：119-125.

覃方锉.2014.添加剂对燕麦捆裹青贮品质的影响研究［D］.兰州：甘肃农业大学.

陶延，陶延胜.2008.捆裹青贮燕麦与箭筈豌豆混播草饲喂鲁西黄牛的增重试验［J］.中国牛业科学，34（2）：24-25

田长叶，张斌主.2016.燕麦实用技术［M］，北京：中国农业大学出版社.

王目森 . 2015. 植物乳杆菌与布氏乳杆菌对多花黑麦草青贮品质及有氧稳定性的影响 [D]. 雅安：四川农业大学 .

王钦 . 1995. 牧草的干燥与贮备技术 [J]. 中国草地（1）：55 - 58.

薛艳庆，徐成体，刘书杰，等 . 2000. 应用新技术捆裹青贮燕麦草的品质评定 [J]. 青海草业，9（1）：8 - 10.

杨丽娜，赵桂琴，侯建杰 . 2013. 播期、肥料种类及其配比对燕麦生长及产量的影响 [J]. 中国草地学报，35（4）：47 - 51，60.

张毕阳，赵桂琴，焦婷，等 . 2017. 燕麦干草与全株玉米青贮不同组合对绵羊瘤胃发酵的影响 [J]. 动物营养学报，29（10）：3563 - 3573.

张毕阳，赵桂琴，焦婷，等 . 2018. 饲粮中添加燕麦干草对绵羊体外发酵的影响 [J]. 草业学报，27（2）：182 - 191.

张毕阳，赵桂琴 . 2018. 燕麦干草与青贮玉米不同组合对绵羊生产性能和消化代谢的影响 [J]. 草原与草坪，38（2）：19 - 24.

张毕阳 . 2017. 饲粮中添加燕麦干草对绵羊生产性能、消化代谢及瘤胃微生物区系的影响 [D]. 兰州：甘肃农业大学 .

张琳，德科加 . 2007. 青藏高原特种青贮牧草的品质评定试验 [J]. 青海畜牧兽医杂志，37（1）：15 - 16.

张树攀，陈铮，韩娟，等 . 2009. 不同添加剂对杂交高粱—苏丹草青贮性能及体外降解特性的影响 [J]. 饲料广角（13）：45 - 49.

张秀芬 . 1992. 饲草饲料加工与贮藏 [M]. 北京：中国农业出版社：5 - 58.

张耀先，周兴民，王启基 . 1998. 高寒牧区燕麦生产性能的初步分析 [J]. 草地学报，6（2）：113 - 122.

赵桂琴，师尚礼 . 2004. 青藏高原饲用燕麦研究与生产现状、存在问题与对策 [J]. 草业科学，21（11）：17 - 20.

赵桂琴 . 2007. 饲用燕麦研究进展 [J]. 草业学报，16（4）：116 - 125.

赵桂琴 . 2016. 饲用燕麦及其栽培加工 [M]. 北京：科学出版社 .

赵亮亮，董宽虎，张瑞忠 . 2007. 添加不同水平糖蜜对燕麦青贮的影

响 [J]. 草原与草坪 (5)：49 - 53.

郑克宽，韩冰，于海峰，等 . 2002. 裸燕麦新品种的经济性状和实用价值的研究 [J]. 内蒙古农业大学学报（自然科学版）（1）：61 - 65.

朱正鹏，富相奎 . 2006. 化学干燥剂对干草调制的影响 [J]. 中国饲料，28（21）：19 - 21.

Bhandari S K. 2008. Effects of the chop lengths of alfalfa silage and oat silage on feed intake, milk production, feeding behavior, and rumen fermentation of dairy cows [J]. Journal of Dairy Science (91)：1942 - 1958.

Brundage A L, Klebesadel L J. 1970. Nutritive value of oat and pea components of a forage mixture harvested sequentially [J]. Journal of Dairy Science (53)：793 - 796.

Brundage A L, Taylor R L, Burton V L. 1979. Relative yield and nutritive values of barley, oats and pea harvested at four successive date for forage [J]. Journal of Dairy Science (62)：740 - 745.

Klebesadel L J. 1969. Chemical composition and yield of oats peas separated from a forage mixture at successive stages of growth [J]. Agronomy Journal (61)：713 - 716.

Knicky M, Spoerndly R. 2011. The ensiling capability of a mixture of sodium benzoate, potassium sorbate, and sodium nitrite [J]. Journal of dairy science, 94 (2)：824 - 831.

Meredith R H, Warbays I R. 1996. The use of roll - conditioning and potassium carbonate (K_2CO_3) to increase the drying rate of Lucerne (Medicago sativa L.) [J]. Grass Forage Science (52)：8 - 12.

Meredith R H, Warboys I B. 1993. Accelerated drying of cut Lucerne (Medicago sativa L.) by chemical treatments based on inorganic potassium salts or alkali metal carbonates [J]. Grass and Forage

Science (48): 126 – 135.

Narasimhlau P, Kunelius H T, McRae K B. 1992. Chemical and mechanical conditioning for field drying of Timonium pretense [J]. Canadian Journal of Plant Science (72): 1193 – 1198.

Seo S, Kim J G, Chung E S, et al. 1998. Effect of chemical drying agents on the field drying rate of alfalfas and rye hay [J]. Journal of the Korean Society of Grassl and Science. 18 (2): 89 – 94.

Walton P D. 1982. Production and management of cultured forage [M]. London Press.

Zhao G Q, Ju Z L, Chai J K, et al. 2018. Effects of silage additives and varieties on fermentation quality, aerobic stability and nutritive value of oat silage. Journal of Animal Science, 96 (8): 3151 – 3160.